BEI GRIN MACHT SICH IHR WISSEN BEZAHLT

- Wir veröffentlichen Ihre Hausarbeit, Bachelor- und Masterarbeit

- Ihr eigenes eBook und Buch - weltweit in allen wichtigen Shops

- Verdienen Sie an jedem Verkauf

Jetzt bei www.GRIN.com hochladen und kostenlos publizieren

Felix Kasten

Trigonometrie. Einführung des Kosinus eines Winkels

Ausarbeitung für das Proseminar der Didaktik der Mathematik

GRIN Verlag

Bibliografische Information der Deutschen Nationalbibliothek:

Die Deutsche Bibliothek verzeichnet diese Publikation in der Deutschen Nationalbibliografie; detaillierte bibliografische Daten sind im Internet über http://dnb.d-nb.de/ abrufbar.

Dieses Werk sowie alle darin enthaltenen einzelnen Beiträge und Abbildungen sind urheberrechtlich geschützt. Jede Verwertung, die nicht ausdrücklich vom Urheberrechtsschutz zugelassen ist, bedarf der vorherigen Zustimmung des Verlages. Das gilt insbesondere für Vervielfältigungen, Bearbeitungen, Übersetzungen, Mikroverfilmungen, Auswertungen durch Datenbanken und für die Einspeicherung und Verarbeitung in elektronische Systeme. Alle Rechte, auch die des auszugsweisen Nachdrucks, der fotomechanischen Wiedergabe (einschließlich Mikrokopie) sowie der Auswertung durch Datenbanken oder ähnliche Einrichtungen, vorbehalten.

Impressum:

Copyright © 2011 GRIN Verlag GmbH
Druck und Bindung: Books on Demand GmbH, Norderstedt Germany
ISBN: 978-3-656-37166-3

Dieses Buch bei GRIN:

http://www.grin.com/de/e-book/209556/trigonometrie-einfuehrung-des-kosinus-eines-winkels

GRIN - Your knowledge has value

Der GRIN Verlag publiziert seit 1998 wissenschaftliche Arbeiten von Studenten, Hochschullehrern und anderen Akademikern als eBook und gedrucktes Buch. Die Verlagswebsite www.grin.com ist die ideale Plattform zur Veröffentlichung von Hausarbeiten, Abschlussarbeiten, wissenschaftlichen Aufsätzen, Dissertationen und Fachbüchern.

Besuchen Sie uns im Internet:

http://www.grin.com/

http://www.facebook.com/grincom

http://www.twitter.com/grin_com

Universität Rostock

Institut für Mathematik

Proseminar: Didaktik der Mathematik

WS 2010/ 2011

Trigonometrie – Einführung des Kosinus eines Winkels

Felix Kurt Kasten

Lehramt Gymnasium: Mathematik/Chemie

5. Semester   Rostock, den 25.01.2011

Inhaltsverzeichnis

1 Einleitung 2

2 Darstellung der Überlegungen für das Stoffgebiet Kosinus eines Winkels 3

    2.1 Einordnung der Ziele in langfristige Entwicklungsprozesse 3

    2.2 Notwendiges Wissen und Können der Schüler, das reaktiviert werden muss ... 6

        2.3.1 Sicheres Wissen und Können 6

        2.3.2 Reaktivierbares Wissen und Können 7

        2.3.3 Exemplarisches Wissen und Können 8

3 Planung einer Unterrichtsstunde im Bereich der trigonometrischen Berechnungen ... 9

    3.1 Ziele der Stunde 9

    3.2 Didaktische Vorbetrachtungen 9

        3.2.1 Sachanalyse 9

        3.2.2 Didaktische Analyse 12

        3.2.3 Methodische Überlegungen zur Unterrichtsgestaltung 15

    3.3 Stundenplanung – Grobplanung 17

    3.4 Stundenplanung - Feinplanung 18

    3.5 Aufgaben und Unterrichtsmittel 23

    3.6 Tafelbild 26

4. Literaturverzeichnis: 27

1 Einleitung

Ich habe mich für die Einführung des Begriffs Kosinus eines Winkels entschieden. Dies ist eine Thematik, die in das Stoffgebiet der Trigonometrie bzw. trigonometrische Berechnungen zu gliedern ist, also in das übergeordnete Gebiet der Geometrie. In diesem Beleg wird explizit auf die Überlegungen eingegangen die der Stundenplanung vorangestellt sind. Anschließend wird letztlich ein Stundenverlaufsplan erstellt und erörtert.

Die allgemeine Klassensituation stellt sich wie folgt da. In der Klasse befinden sich etwa 28 Schülerinnen und Schüler. Davon weisen wenige Lernende eine Leistungsstärke in dem Fach Mathematik auf. Etliche Schülerinnen und Schüler sind zu den leistungsschwachen Schülern zu zählen. Alle Lernenden besitzen das Arbeitsheft und das Arbeitsbuch *Mathematik 10. Gymnasium. Mecklenburg-Vorpommern.* Für die geplante Stunde sind farbige Kreide, Tafel-Geodreieck und eine Tafel mit einer großen und vier kleinen Flächen notwendig.

Die Schülerinnen und Schüler haben in den vorangegangenen Unterrichtsstunden ihr Wissen und Können zu den Dreiecken reaktiviert und es wurde der Begriff des Sinus eines Winkels im Dreieck erarbeitet.

2 Darstellung der Überlegungen für das Stoffgebiet Kosinus eines Winkels

2.1 Einordnung der Ziele in langfristige Entwicklungsprozesse

Diesem Abschnitt liegen die Rahmenpläne von Mecklenburg Vorpommern für die Klassen 1 - 10 zu Grunde (siehe Literaturverzeichnis), d.h. sie werden explizit als Quelle in diesem Kapitel nicht mehr genannt.

Jahrgangsstufe 1 bis 4:

Wissen und Können zu Zahlen und Größen:
Themenbereich „Zahlen und Operationen": Schriftliches und mündliches Rechnen bis zum Zahlenraum 1.000.000, vier Grundrechenarten, Addition, Subtraktion, Multiplikation und Division beherrschen sie sicher, situationsgemäße Anwendung der Operationen und beliebige Verknüpfung, Schätzungen und Überschlagen von Berechnungen.
Themenbereich „Größen und Messen": Die Schülerinnen und Schüler kennen bestimmte Repräsentanten für ausgewählte SI- Einheiten, können Umrechnen, Wissen über Konventionen zu der Schreibweise von Einheiten.
Wissen und Können zu Variablen, Termen, Gleichungen und Ungleichungen:
Themenbereich „Zahlen und Operationen": Die Lernenden können aus Handlungen und Sachverhalten Operationen herausnehmen und in einfachen Gleichungen darstellen.
Wissen und Können zu Funktionen:
Themenbereiche „Zahlen und Operationen", „Größen und Messen": Den Schülerinnen und Schülern sind einfache Zuordnungen bekannt und können einige wenige graphische Darstellungen von Sachverhalten anfertigen, anfängliches Verständnis für Symmetrie und Proportionalität.
Geometrisches Wissen und Können:
Themenbereich „Form und Veränderung": Den Lernenden sind einige einfache Körper und ebene Figuren mit wenigen charakteristischen Eigenschaften bekannt. Insbesondere das Verständnis für Dreiecke beginnt in der Grundschulausbildung.
Die Schülerinnen und Schüler können ausgewählte Körper und ebene Figuren benennen sowie ihre Eigenschaften. Sie können Körper und Figuren darstellen und diese mit anderen vergleichen. Sie kennen die Kugel, den Würfel und den Quader als Körper. Vierecke, Rechtecke, Quadrate, Kreise und auch das Dreieck kennen sie als ebene Figuren.

Jahrgangsstufe 5 und 6:

Wissen und Können zu Zahlen und Größen:
Themenbereich Rechnen mit „natürlichen", „gebrochenen" Zahlen: Entwicklung des schriftliches Rechnens: Addieren, Subtrahieren, Multiplizieren und Dividieren natürlicher Zahlen, Nacheinander-Ausführung mehrerer Rechenoperationen unter Verwendung von Klammern und Rechengesetzen (Kommutativgesetze, Assoziativgesetze, Distributivgesetz), die Rechengesetze mit Anwendungen verstehen und für Begründungen heranziehen können, Vorzeichenbeachtung und Vorrangregel, Ausführbarkeit und Eindeutigkeit der Operationen und Umkehroperationen, Potenzen/Quadratzahlen (Schreibweise, Basis, Exponent), Rechnen mit gebrochenen Zahlen (gemeine Brüche, Dezimalbrüche, Kürzen, Erweitern), Behandlung von römischen Zahlen und damit rechnen, Teilbarkeitsregeln

verwenden können (ggT und kgV), Einheiten (sinnvolle Genauigkeit bei Flächen-, Volumen-, Massen-, Zeit-, Längen- und Währungseinheiten).

Wissen und Können zu Variablen, Termen, Gleichungen und Ungleichungen:
Themenbereich „Algebraische Grundlagen": Entwicklung des Variablenbegriffs (Einführung von Variablen als Platzhalter, Term und Wert eines Terms), Erkennen von mathematischen Strukturen und Umformungen von Termen, inhaltliches und algorithmisch-kalkülmäßiges Lösen von Gleichungen und Ungleichungen, Lösbarkeit von Gleichungen und Ungleichungen, Berechnungen von Termen, Umsetzen von Wortvorschriften in Termschreibweise, Belegen von Variablen mit Zahlen.

Wissen und Können zu Funktionen:
Themenbereich „Abbildung": Entwicklung des Funktionsbegriffs, Entwicklung funktionalen Denkens. Dabei soll insbesondere Zuordnungen und Proportionalität eine Rolle spielen. Graphische Darstellungen, Zusammenhänge oder Zahlenfolgen durch Gleichungen beschreiben bzw. aus Tabellen oder Diagrammen herausarbeiten. Das Koordinatensystem wurde eingeführt.

Geometrisches Wissen und Können:
Themenbereiche „Winkel", „Grundkonstruktionen", „Abbildungen", „Dreiecke", „Vierecke": Entwicklung von Vorstellung und Kenntnissen über Merkmale, Eigenschaften und Inhaltsbestimmungen ebener Figuren (dabei insbesondere Dreiecke und Vierecke) unter inhaltlich-anschaulichen und formal-rechnerischen Aspekten, Skizzieren und Zeichnen ebener Figuren, Einführung des Begriffs Winkel, Klassifizierung eines Winkels (stumpf, rechtwinklig, spitz, (gestreckt)), Scheitel-, Neben-, Stufen- und Wechselwinkel, Konstruktion von ebenen Objekten, Abbildungen (Verschiebung, Drehung, Spiegelung), Symmetrie.

Jahrgangsstufe 7 und 8:

Wissen und Können zu Zahlen und Größen:
Themenbereich „rationale Zahlen": Es werden die Fähigkeiten des Rechnen- Könnens aus den vorherigen Jahrgangsstufen erweitert, insbesondere im Bereich der rationalen und ganzen Zahlen und Potenzen (und zugehörige Gesetze), Einführung der Quadratwurzel, der Taschenrechner wird eingeführt.

Wissen und Können zu Variablen, Termen, Gleichungen und Ungleichungen:
Themenbereich „Arbeiten mit Variablen": Wiederholung und Festigung des Variablen- und Termbegriffs, Definition des Begriffs Gleichung, Erkennen und Bilden von Termen, Vereinfachung der Schreibweise von Termen, Übersetzen von Texten in Ausdrücke mit Zahlen und Variablen, Verwenden von Termen, Erkennen der Struktur von Termen, Belegen von Variablen, Wiederholen der Vorrangregeln, unterschiedliche Methoden zur Lösung von Gleichungen, Dreisatz, lineare Gleichungssysteme, Zusammenfassen von Gliedern einer Summe und Auflösen von Klammern um Summen, Erarbeitung und Festigung des Verfahrens zum Multiplizieren von Zahlen und Variablen, Primfaktorzerlegung, Überprüfen des Ausmultiplizieren durch Ausklammern und umgekehrt, geometrische Interpretation (Ausmultiplizieren und Ausklammern), Multiplizieren von beliebigen Summen, Binomische Formeln.

Wissen und Können zu Funktionen:
Themenbereiche „Zuordnungen", „lineare Funktionen": Wiederholung der vorangegangenen Betrachtungen der Zuordnungen, der Proportionalitäten und graphischen Darstellungen, Einführung der Funktionen als eindeutige Zuordnungen, Begriffe: Definitions- und Wertebereich, Argument, Funktionswert, lineare Funktionen mit den Parametern m und n als

Anstieg und Achsenabschnitt, Nullstelle, Nullstellenberechnungen, Modelle realer Sachverhalte, Umkehrfunktionen.
Geometrisches Wissen und Können:
Themenbereiche „Planimetrie", „Satzgruppe des Pythagoras": Berechnen des Flächeninhalts von ebenen Figuren, insbesondere von Drei- und Vierecken. Genauere Betrachtung der Dreiecke, Kongruenz- und Ähnlichkeitssätze, Satzgruppe des Pythagoras, Begriffe: Kathete, Hypotenuse, Einführung des Kreises, Begriffe: Tangente, Sehne, Sekante, Satz des Thales, Peripheriewinkel, Kreisring, Pi als Konstante.

Jahrgangsstufe 9:

Wissen und Können zu Zahlen und Größen:
Themenbereiche „Reelle Zahlen, Termumformungen", „Potenz- und Wurzelfunktionen": Betrachtung von irrationalen Zahlen und reellen Zahlen, exemplarisch kann die Intervallschachtelung erarbeitet werden, Systematisierung der Zahlenbereiche, Erweiterung der Potenzen auf rationale Exponenten, daraus resultierend auch der Zusammenhang zwischen Potenz und Wurzelschreibweise, als Zusatz kann die Polynomdivision betrachtet werden.
Wissen und Können zu Variablen, Termen, Gleichungen und Ungleichungen:
Themenbereiche „Systeme linearer Gleichungen", „quadratische Gleichungen": Lösungsverfahren zu linearen Gleichungssystemen, Lösbarkeitskriterium, Quadratische Gleichungen (Lösungsformel, Normalform, Lösbarkeit).
Wissen und Können zu Funktionen:
Themenbereiche „quadratische Funktionen", „Potenz- und Wurzelfunktionen": Quadratische Funktionen, Parabel, Normalparabel, Scheitelpunkt, Symmetrie, Nullstellen, Monotonie, Potenz- und Wurzelfunktion (graphische Darstellung, Hyperbel, Asymptote, Eigenschaften).
Geometrisches Wissen und Können:
Themenbereich „Planimetrie": zentrische Streckung, Strahlensätze und ihre Umkehrungen, Ähnlichkeit von ebenen Figuren (Hauptähnlichkeitssatz, Zusammenhang zur Kongruenz und zur Satzgruppe des Pythagoras).

Jahrgangsstufe 10:

Wissen und Können zu Zahlen und Größen:
Themenbereich „Exponential- und Logarithmusfunktionen": Es wird näher auf den Zusammenhang zwischen Potenz, Wurzel und Logarithmus eingegangen, Logarithmus und Logarithmusgesetze.
Wissen und Können zu Variablen, Termen, Gleichungen und Ungleichungen:
Themenbereiche „Trigonometrie", „Exponential- und Logarithmusfunktionen": Exponential- und Logarithmusgleichungen, **goniometrische Gleichungen**.
Wissen und Können zu Funktionen:
Themenbereiche „Trigonometrie", „Exponential- und Logarithmusfunktionen": Exponentialfunktion, Logarithmusfunktion, **trigonometrische Funktionen (Sinus-, Kosinus- und Tangensfunktion)**, **periodische Funktionen**, Zerfallsprozesse und exponentielles Wachstum.
Geometrisches Wissen und Können:
Themenbereich „Trigonometrie": Erweiterung des Winkelbegriffes, Erarbeitung Zusammenhang Hauptwert und Bogenmaß, Definition des Sinus, Kosinus, Tangens eines Winkels insbesondere durch Berechnungen am rechtwinkligen Dreieck,

Sinussatz, Kosinussatz, Flächeninhaltssätze, $\sin^2(\alpha) + \cos^2(\alpha) = 1$ (trigonometrischer Satz des Pythagoras).
In der Jahrgangsstufe 10 wird ein Computeralgebrasystem eingeführt. Grundlegende Berechnungen und Erklärungen werden im Laufe des Schuljahres gegeben.

Jahrgangsstufe 11 und 12:
Der Begriff der trigonometrischen Funktionen wird weiter ausgebaut. Sowie in der Analysis als Funktionen als auch in der analytischen Geometrie als Funktion oder auch dessen geometrische Interpretation zur Berechnung von Schnittwinkeln und Lagebeziehungen werden die Begriffe Sinus, Kosinus, Tangens weiterhin von Bedeutung sein.

2.2 Notwendiges Wissen und Können der Schüler, das reaktiviert werden muss

Für den Themenbereich der trigonometrischen Berechnungen: Explizit sollten die Lernenden das vorhandene Wissen zu rechtwinkligen, später auch allgemeinen Dreiecken, präsent haben. Die Reaktivierung ist Aufgabe des Lehrers. Insbesondere der Begriff des Winkels sollte reaktiviert werden. Dabei sollte insbesondere die Klassifikation der Winkel nochmals wiederholt werden. Im Bezug zum rechtwinkligen Dreieck müssen bestimmte Begrifflichkeiten wie Kathete und Hypotenuse Erläuterung finden. Strahlensätze sollten die Lernenden bereits verstanden haben und in Bezug auf die Wiederholung der Strahlen-, Kongruenz- und Ähnlichkeitssätze wiederholt haben.

Für den Themenbereich der Winkelfunktionen: Die Schülerinnen und Schüler sollten wissen, wie eine Funktion definiert ist, welche Eigenschaften im Wesentlich von Bedeutung sind und dass Parameter von Funktionen eine bestimmte Bedeutung (kovariables Denken) innehaben. Das Koordinatensystem sollte wiederholt werden. Die Lehrperson sollte auch die Grundlegenden Funktionen wiederholen, denn so kann auch ein Vergleich mit sogenannten periodischen Funktionen erfolgen.

2.3 Fachspezifische Ziele, die in dieser Unterrichtseinheit ausgebildet werden sollen

Die Entwicklung des Wissens und Könnens in der Geometrie soll vorangebracht werden im Stoffgebiet der Trigonometrischen Berechnungen. Das Erarbeiten dieser Thematik führt zur Erarbeitung des Sinus- und Kosinussatzes und später auch zu den Trigonometrischen Funktionen, wodurch diese Thematik auch einen Einfluss auf das Teilgebiet der Funktionen aufweist. Diesem Abschnitt liegen die frei zum Download stehenden Dateien vom Institut für Qualitätssicherung und Landesinstitut für Schule und Ausbildung sowie das Lehrbuch *Mathematik 10. Gymnasium. Mecklenburg-Vorpommern.* zu Grunde (siehe Literaturverzeichnis), d.h. sie werden explizit als Quelle in diesem Kapitel nicht mehr genannt.

2.3.1 Sicheres Wissen und Können
Die Schülerinnen und Schüler beherrschen den Begriff des Winkels und des Dreiecks. Insbesondere vermögen die Schülerinnen und Schüler beliebige Dreiecke zu zeichnen und zu beschriften. Die dabei zu beachtenden Konventionen beherrschen sie und können diese auf jede beliebige Figur anwenden. In diesem Sinne können sie auch sich in beliebiger Lage

befindliche rechtwinklige, gleichschenklige, gleichseitige Dreiecke erkennen. Die Schülerinnen und Schüler wissen, dass die Summe der Innenwinkel eines Dreieckes 180° beträgt. Dieses Wissen können sie in Berechnungen anwenden. Die Begrifflichkeiten Kathete und Hypotenuse können die Heranwachsenden anwenden und in ein logischen Kontext wiedergeben. Die Lernenden wissen, dass Winkel beliebige Werte annehmen können d.h., dass es Winkel gibt, die kleiner als 0° oder größer als 360° sind. Dies kommt unter anderem durch den Drehsinn zustande. Die Heranwachsenden wissen, dass ein Winkel einen positiven (links herum) oder negativen (rechts herum) Drehsinn haben kann. Sie können jeden Winkel in zwei verschiedenen Formen darstellen. Einerseits in Gradmaß und andererseits im Bogenmaß. Jeder Winkel kann daher von ihnen aufgeschrieben werden als $α = α` + k · 360°$ mit $0° ≤ α` ≤ 360°$, $k \in Z$ bzw. $α = α` + k · 2π$ mit $0 ≤ α` ≤ 2π$, $k \in Z$, wobei π dem Gradmaß 180° und 2π dem Gradmaß 360° entspricht. Der Sinus, Kosinus und Tangens eines Winkels unter 90° kann als Seitenlängenverhältnis in einem rechtwinkligen Dreieck gebildet werden. Bestimmte Sinus-, Kosinus- und Tangenswerte sind jetzt bereits präsent. Durch die Einführung der trigonometrischen Funktionen werden aber mehr charakteristische Werte bekannt sein. Ebenso sollte den Schülerinnen und Schülern geläufig sein, dass $\sin^2(α) + \cos^2(α) = 1$ ist. Das heißt, dass der trigonometrische Satz des Pythagoras gültig ist.

Trigonometrische Funktionen sind periodische Funktionen und sollten auch als solches erkannt werden. Sie sollten sich die Sinusfunktion vorstellen können, dies ist allerdings nicht nötig bei der Kosinus- und Tangensfunktion. Des Weiteren sollten die Lernenden Wissen, dass ein Vergleich der Funktionsgraphen dieser Funktionen nur erfolgen kann, wenn die x-Achse mit Werten des Bogenmaßes beschriftet wird.

Die Quintessenz dieses Wissens ist also, dass die Schülerinnen und Schüler jederzeit mit hoher Wahrcheinlichkeit unterscheiden können, welche Anwendungen insbesondere zur Betrachtung der Trigonometrischen Berechnungen zu gliedern sind und welche insbesondere zur Beschreibung periodischer Vorgänge genutzt werden.

2.3.2 Reaktivierbares Wissen und Können

Nach einer Reaktivierung sollten die Schülerinnen und Schüler folgendes Wissen aufweisen. Ihnen sollte bewusst sein, wie sich die Berechnungen des Sinus, Kosinus und Tangens eines Winkels in einem rechtwinkligen Dreieck vollzieht.

$\sin α = \frac{\text{Gegenkathete}}{\text{Hypotenuse}}$

$\cos α = \frac{\text{Ankathete}}{\text{Hypotenuse}}$

$\tan α = \frac{\text{Gegenkathete}}{\text{Ankathete}}$

Die Lernenden wissen, dass diese Seitenlängenverhältnisse nur im rechtwinkligen Dreiecke diese Werte angeben. Sie können daher Seiten und Winkel in solchen Dreiecken berechnen. In beliebigen Dreiecken gelten der Sinus- und der Kosinussatz bzw. der Satz zur Flächenberechnung von Dreiecken mithilfe des Sinus eines Winkels. Daher können jegliche Rechnungen von Seiten und Winkeln in einem beliebigen Dreieck vollzogen werden. Das Bogenmaß eines Winkels

Die goniometrische Gleichungen $\sin(x) = a$, $\sin(α) = a$, $\cos(x) = a$, $\cos(α) = a$, können von den Heranwachsenden gelöst werden. Sie geben die Lösungsmenge im Intervall $-90° ≤ α ≤ 360°$ bzw. $-π ≤ x ≤ 2π$ an.

Die goniometrische Gleichung tan (α) = a, kann ebenfalls von diesen gelöst werden. Das anzugebende Intervall der Lösungsmenge ist dabei aber -90° ≤ α ≤ 90° bzw. –π/2 ≤ x ≤ π/2. Im Bereich der Funktionen finden die Winkelfunktionen ebenfalls Anwendung. So entspricht der Anstieg des Graphen einer linearen Funktion m = tan (α). Dabei ist von den Lernenden aber zu beachten, dass α der Winkel zwischen dem positiven Teil der x-Achse und der Geraden ist. Bei späteren Betrachtungen wissen, die Schülerinnen und Schüler, dass die Sinusfunktion eine gerade Funktion darstellt, hingegen die Kosinusfunktion eine ungerade Funktion darstellt. Die Winkelfunktionen sollten in Skizzen erkannt werden. Charakteristische Eigenschaften wie die Periode, die Symmetrie, Nullstellen und Extremwerte sollten aus diesen herausgearbeitet werden können. Die Sinusfunktion genießt dabei aber eine besondere Stellung. Diese soll von den Schülerinnen und Schülern selbst auch skizziert werden können. Dabei spielen auch die Parameter eine Rolle, sodass die charakteristischen Eigenschaften aus der Zeichnung abgelesen werden können.

2.3.3 Exemplarisches Wissen und Können

Die Schülerinnen und Schüler haben exemplarisch gelernt, dass der Satz $\sin^2 x + \cos^2 x = 1$ hergeleitet kann. In diesem Zusammenhang könnte ihnen auch die sonstigen Additionstheoreme vorgestellt worden sein. Durch das Vermögen, beliebige Figuren in Dreiecke zu zerlegen (Triangulieren) können, können von beliebigen Figuren etliche Berechnungen vollzogen werden. Die trigonometrischen Berechnungen können um den Cotangens, zumindest um ihn zu nennen, erweitert werden. Die Lernenden haben exemplarisch gelernt, dass durch α = α`+ k · 360° mit 0° ≤ α`≤ 360°, k ∈ Z der Winkel α`den „Hauptwert" und die Menge der Winkel, die durch α beschrieben sind, nennt man „zu α` äquivalente Winkel".
Die Winkelfunktionen haben bestimmte Quadrantenbeziehungen, diese wurden exemplarisch am Beispiel der Sinusfunktion erarbeitet bzw. aufgezeigt. Zudem kann analog zu den trigonometrischen Berechnungen auch die Cotangensfunktion gezeigt werden.

2.4. Fächerübergreifende Ziele

Die Entwicklung von Kenntnissen, Fähigkeiten und Einstellungen im Lösen von Problemen soll an dieser Stelle explizit herausgestellt werden. Die Schülerinnen und Schüler können insbesondere geometrische Sachaufgaben vorteilhaft berechnen. Die Schüler entwickeln daher problemlösendes Denken. Die Lernenden entwickeln ihre sprach-logischen Fähigkeiten, indem sie ihr Vorgehen beim Lösen von Aufgaben mit Hilfe mathematischer Begriffe erklären. Die Förderung der sozialen Kompetenz der Individuen sollte durch die Fähigkeit der Selbstkritik, indem sie ihre Lösungen in Frage stellen und selbstständig überprüfen, erfolgen.

3 Planung einer Unterrichtsstunde im Bereich der trigonometrischen Berechnungen

Stoffgebiet: Trigonometrische Berechnungen
Thema der Stunde: Erarbeitung des Kosinus

3.1 Ziele der Stunde

Die Lernenden können den Kosinus eines Winkels in rechtwinkligen Dreiecken berechnen und beherrschen den Zusammenhang zwischen den Sinus- und Kosinuswerten der Winkel innerhalb dieses Dreiecks. Die Schülerinnen und Schüler lernen selbstständig Sachverhalte herzuleiten und dafür auf bereits bekanntes Wissen zurückzugreifen.

Ein weiteres Ziel stellt die direkte Verbindung der Begriffe Sinus und Kosinus im semantischen Netz dar.

3.2 Didaktische Vorbetrachtungen

3.2.1 Sachanalyse

Die Wortherkunft des Kosinus ist in der lateinischen Sprache zu finden. Der „sinus" wird als Bogen, Krümmung oder Busen übersetzt. Der Kosinus als „complementii sinus" als der Sinus des Komplementwinkels übersetzt.

Der Sinus und Kosinus können ebenso wie der Tangens am rechtwinkligen Dreieck definiert werden. Über die Einführung des Bogenmaßes kann auch die Definition am Einheitskreis erfolgen. Daran schließt sich als logische Konsequenz die Betrachtung der Winkelfunktionen an.

Zunächst sei zur Veranschaulichung an dieses Stelle folgende Abbildung 1 angebracht.

Abbildung 1:

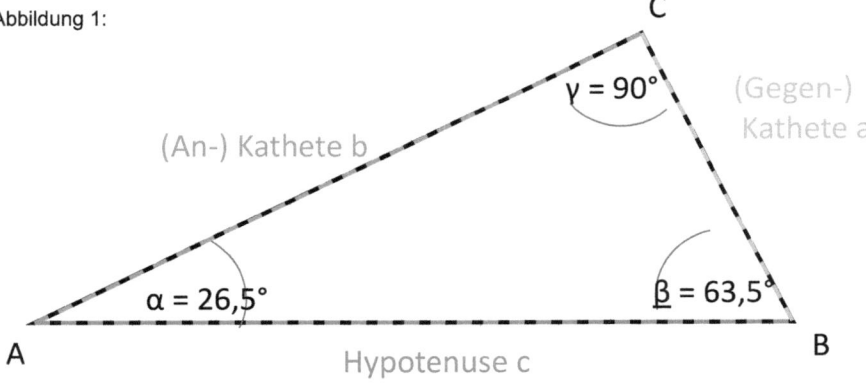

Satz: Alle ebenen, zueinander ähnlichen Figuren haben gleiche Winkel und gleiche Längenverhältnisse der Seiten.

Dies stellt eine Folgerung aus den Strahlensätzen dar. Anhand folgender Abbildung sei der Sachverhalt aufgezeigt:

Abbildung 2:

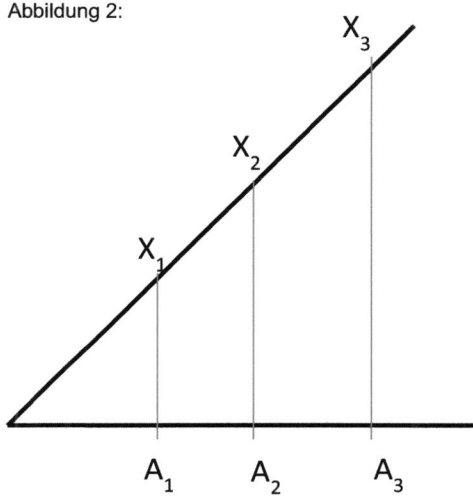

Diese Eigenschaft macht man sich zunutze, um sich Berechnungen an rechtwinkligen Dreiecken zu erleichtern bzw. sie zu ermöglichen. Diese Seitenverhältnisse der drei Seiten a, b, c sind abhängig vom Maß der Winkel. Genauer gesagt liegt in einem rechtwinkligen Dreieck eine Abhängigkeit der beiden spitzen Winkel vor. Die Winkelsumme dieser beiden beträgt 90°. Daher betrachtet man folgende Seitenverhältnisse, die dem angegebenen Winkelmaß entsprechen:

Definition: Der Sinus eines Winkels ist das Verhältnis der Länge der Gegenkathete zur Länge der Hypotenuse. Das heißt in Abbildung 1: sin (α) = a / c

Diese Definition ist den Schülerinnen und Schülern bereits bekannt.

Definition: Der Kosinus eines Winkels ist das Verhältnis der Länge der Ankathete zur Länge der Hypotenuse. Das heißt in Abbildung 1: cos (α) = b / c

Definition: Der Tangens eines Winkels ist das Verhältnis der Länge der Gegenkathete zur Länge der Ankathete. Das heißt in Abbildung 1: tan (α) = a / b

Definition: Der Kotangens eines Winkels ist das Verhältnis der Länge der Ankathete zur Länge der Gegenkathete. Das heißt in Abbildung 1: cot (α) = b / a

Daraus folgt für die Abbildung 1:

Abbildung 3:

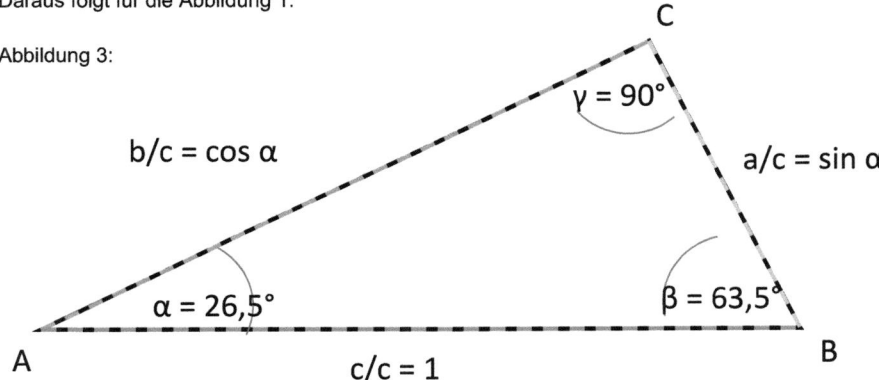

Da die Hypotenuse als längste Seite eines rechtwinkligen Dreieckes definiert ist, liegt der Wert des Sinus und Kosinus niemals über 1. Genau genommen kann in einem rechtwinkligen Dreieck nicht einmal das Verhältnis 1 für den Sinus und Kosinus auftreten, da sonst kein rechtwinkliges Dreieck vorliegt. Das heißt also: sin (α) < 1 und cos (α) < 1. Dadurch ist es sinnvoll die Grenzwerte für 0° und 90° festzulegen.

sin (0°) = 0, sin (90°) = 1, cos (0°) = 1 und cos (90°) = 0.

Wie eingangs schon erwähnt muss auch der Komplementärwinkel definiert werden.
Definition: Zwei Winkel heißen Komplementwinkel, wenn sie sich zu einem Winkel von 90° ergänzen.

Abbildung 4:

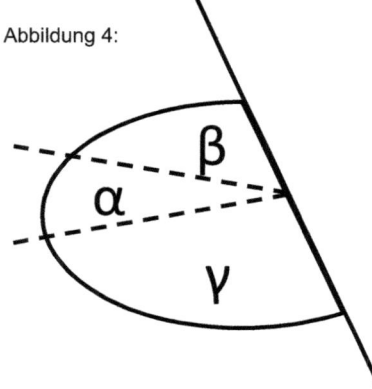

Dieser Sachverhalt ist, wie oben beschrieben, in einem rechtwinkligen Dreieck natürlich gegeben. Danach sind α und β Komplementwinkel. Betrachtet man den Sinus und Kosinus der beiden Winkel so wird dies noch deutlicher.

sin (α) = a / c und cos (α) = b / c
hingegen   sin (β) = b / c und cos (β) = a / c.

Daraus folgt letztlich auch die Bezeichnung des Kosinus als Sinus der Komplementwinkels. In einem Rechtwinkligen Dreieck gilt cos (α) = sin (90° - α) = sin (β) und sin (α) = cos (90° - α) = cos (β).

Es gibt auch noch weitere wichtige Eigenschaften, die in diesem Zusammenhang genannt werden sollten. In einem rechtwinkligen Dreieck gilt der Satz des Pythagoras. An meinem Beispiel in Abbildung 1 gilt der Zusammenhang $a^2 + b^2 = c^2$. In der Abbildung 5 sollte also folgende Gleichung bzw. folgender Zusammenhang gelten:

$\sin^2 (\alpha) + \cos^2 (\alpha) = 1$

$\sin^2 (\alpha) + \cos^2 (\alpha) = (a / c)^2 + (b / c)^2$
$= a^2/c^2 + b^2/c^2 = (a^2 + b^2)/c^2 = c^2/c^2 = 1$

Abbildung 5:

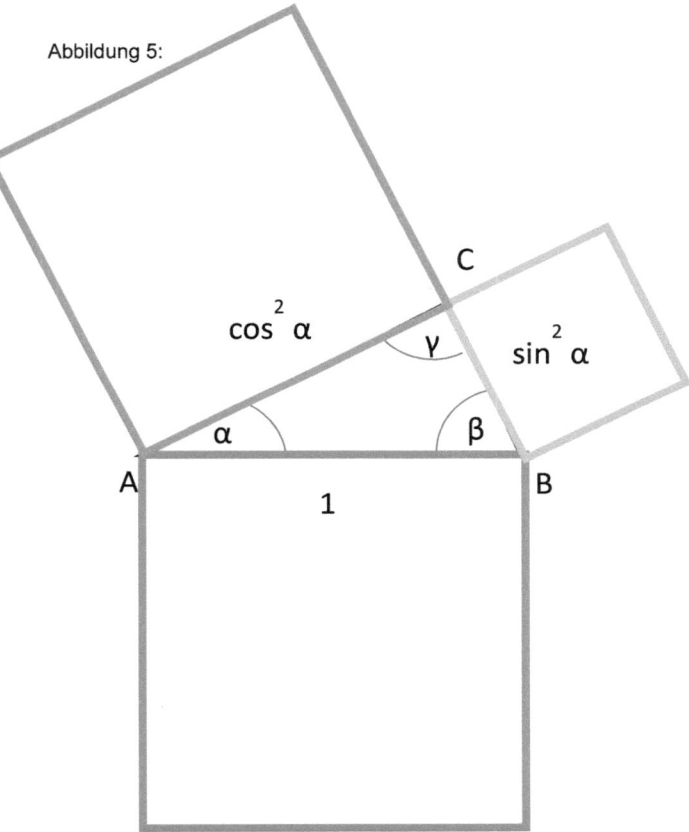

Nun schließt sich sinnvollerweise die Betrachtung des Tangens an. Dies soll aber nicht mehr Gegenstand dieser Unterrichtsstunde sein. Und wird nach einer Übungsstunde umfassend erläutert werden.

3.2.2 Didaktische Analyse

Der Begriff des Kosinus soll Erarbeitet werden. Es handelt sich dabei um einen Objektbegriff. Er stellt damit kein Eigenschaftsbegriff, Relationsbegriff und Operationsbegriff dar. Die Möglichkeiten zur Angabe von Definitionen in der Mathematik sind die Folgenden:

(1) Explizite Definition über einen Oberbegriff und den Artunterschied
(2) Explizite Definition durch Angabe einer Bezeichnung für ein Objekt
(3) Genetische Definition
(4) Implizite Definition

Die Möglichkeit (1) stellt bei der Erarbeitung des Begriffs Kosinus ein Problem dar. Zum einen müsste die Definition über die Winkelfunktionen erfolgen. Da dies den Schülern nicht bekannt ist und erst später erarbeitet werden sollen, ist diese Möglichkeit ungünstig. Die Möglichkeit (4) erweist sich aufgrund fehlender Rekursionsmöglichkeit als schwierig und ist damit ungünstig. Die genetische Definition des Kosinus wäre über den Komplementwinkelbegriff natürlich zu erreichen. Dabei muss dann zuvor der

Komplementwinkel erarbeitet worden sein bzw. werden. Die zweite Möglichkeit zur Definition des Kosinus ist die einfachste und da die Betrachtung analog zum Sinus ist, in diesem Falle die günstigere Variante.

Es ist immer stets darauf zu achten, dass die Visualisierungen und Beispiele immer an bekanntes knüpfen bzw. erinnern, sodass die Schülerinnen und Schüler weniger Schwierigkeiten haben, die neuen Begrifflichkeiten in das vorhandene semantische Netz gliedern können.

Nun spielt die Betrachtung der Vorgehensweise zur Erarbeitung eines Begriff im Vordergrund. Zuvor sollten die relevanten und irrelevanten Merkmale des Kosinus zusammengetragen werden.

relevante Merkmale:
Der Kosinus nimmt Werte zwischen 0 und 1 an, wobei zu beachten ist, dass bei 0° und 90° die Werte vorgegeben werden. Der Complementii Sinus wird in einem rechtwinkligen Dreieck als Quotient von der Ankathete und der Hypotenuse beschrieben. Die Ankathete ist die Kathete, die direkt am Winkel liegt. Die Hypotenuse ist die längste Seite im Dreieck und liegt gegenüber dem größten Winkel, in diesem Falle 90°. Es gilt $\sin^2(\alpha) + \cos^2(\alpha) = 1$. Weiterhin gelten folgende Sachverhalte in einem rechtwinkligen Dreieck: $\cos(\alpha) = \sin(90° - \alpha) = \sin(\beta)$ und $\sin(\alpha) = \cos(90° - \alpha) = \cos(\beta)$.

irrelevante Merkmale:
Für die Betrachtung im rechtwinkligen Dreieck ist es unwesentlich, dass der Kosinus negative Werte annehmen kann.

Aufgrund der hohen Anschaulichkeit, die die Geometrie in der Schule bietet, kann man hervorragend mit einem rechtwinkligen Dreieck arbeiten. Es kann natürlich ein Beispiel durch die Lehrperson vorgegeben werden und daran Definition und Merkmale geben und erläutern. Dies entspricht im Wesentlichen dem deduktiven Verfahren. Daran kann sich der Zusammenhang zum Sinus erarbeiten lassen. Das konstruktive Verfahren zu Erarbeitung eines Begriffs ist in diesem Fall ebenso angebracht wie das deduktive Verfahren und deckt sich mit dem induktiven Verfahren. Bei diesen beiden Verfahren kann die Lehrperson speziell auf bekannte Beispiele zurückgreifen und muss dementsprechend nicht zu viele neue Bezeichnungen einführen. Damit einhergehend kann, durch die Lehrperson eine gute Vorbereitung und Integration in vorhandene semantische Netze eingegliedert werden, weil die Lehrperson bereits den Sinus ausführlich eingeführt hat. Es liegen allerdings kaum sinnvolle Gegenbeispiele vor, daher ist das konstruktive Verfahren dem induktiven Verfahren vorzuziehen. Schriftliche Aufgaben in Bezug auf die Berechnung des Komplementärwinkels, die Seitenlängen und damit den Umfang und den Flächeninhalt sind möglich. Anhand des Kosinussatzes und Sinussatzes erfährt dies aber eine Erweiterung auf allgemeine Dreiecke. Die Lehrperson kann den Lernenden soweit leiten, dass er die Definitionen des Kosinus, Tangens und Kotangens entwickeln kann.

Des Weiteren sollten die Möglichkeiten zur Festigung vom Begriff Kosinus erläutert werden.
(1) Identifizierung von Begriffen
    a. Alle wesentlichen Merkmale sind zum Gegenstand der Identifizierung zu machen
    b. Möglichkeiten zur Erhöhung der Anforderungen
    c. Möglichkeiten zur Vielseitigkeit der Aufgabenstellung
(2) Realisierung von Begriffen
    a. Erhöhung der Anforderungen

b. Vielseitigkeit der Aufgabenstellung
(3) Anwendung von Begriffen
(4) Systematisierung von Begriffen

Aufgrund der wenigen Merkmale, in denen man variieren kann, ist die Identifizierung auszuschließen. In der Realisierung von Begriffen bieten sich zwei Möglichkeiten. Zum einen kann eine Erhöhung der Anforderungen erfolgen. Man kann beginnen mit der Berechnung und Konstruktionen von rechtwinkligen Dreiecken und ihren Winkeln mit Hilfe von Seitenlängen, über gegebene Kosinuswerte, bis hin zum trigonometrischen Pythagoras und Schlussendlich würde der Sinussatz und Kosinussatz folgen. Die zweite Möglichkeit besteht darin Die Berechnung an allgemeinen Dreiecken zu Überprüfung. So ist in einem Gleichschenkligen Dreieck mit den Winkeln $\alpha = 80°$, $\beta = 50°$ und $\gamma = 50°$ und den Seitenlängen a = 11,6 cm, b = c = 9,1 cm, der Kosinus von 50° nicht mit dem definierten Seitenlängenverhältnis möglich zu berechnen (cos (50°) = 0,6428 und das entspricht nicht dem Seitenverhältnis 9,1 / 11,6 = 0,7845). Dies stellt also eine nichtlösbare Aufgabe dar. Aufgaben mit mehreren Lösungen sind mit dem derzeitigen Wissen der Schülerinnen und Schüler nicht lösbar. Dies ist aber kontraproduktiv, da der Sinus und Kosinus am rechtwinkligen Dreieck definiert wird. An dieser Stelle liegt also nicht genügend Wissen vor, sodass die Realisierung, ebenso wie die Identifizierung von Begriffen, später erfolgen sollte. Hingegen die Anwendung des Begriffes für mathematische Zusammenhänge durch den Beweis des trigonometrischen Pythagoras günstig ist. Andernfalls ist die Betrachtung der Komplementärwinkelbeziehung, wenn sie nicht behandelt wurde, angebracht. Dies stellt im Wesentlichen aber auch eine Systematisierung dar. Angenommen der Komplementärwinkel ist dem Schülerinnen und Schülern als Begriff geläufig, so folgt, dass die Festigung des Begriffs Kosinus durch die Anwendung im trigonometrischen Pythagoras erfolgt.

Der trigonometrische Satz des Pythagoras stellt einen mathematischen Zusammenhang dar und ist der Kategorie (1) mit „Satz" im Namen zuzuordnen.

Zum Beschreiben dieses Zusammenhangs wurden bereits Hypotenuse, Ankathete, Gegenkathete, Sinus und Kosinus sowie Quadrate eingeführt. Daher ist es nicht notwendig weitere Begriffe einzuführen bevor der Zusammenhang erarbeitet werden kann.

Die Möglichkeiten der Erarbeitung von Zusammenhängen sind:
 (1) Verallgemeinern aus Einzelbeispielen
 (2) Verallgemeinern aus Spezialfällen
 (3) Funktionale, insbesondere approximative Betrachtung
 (4) Analogiebetrachtung
 (5) Umkehrung eines Satzes
 (6) Präformale Herleitung eines Satzes
 (7) Herleitung eines Satzes
 (8) Vorgabe des Zusammenhangs

Wobei die Möglichkeiten (1) bis (6) nichtdeduktive Vorgehensweisen sind, hingegen es sich bei den letzten beiden Vorgehensweise um deduktive handelt. Die Möglichkeit (2) ist nicht angebracht, da der Sinus und Kosinus im rechtwinkligen Dreieck definiert wurden. Es liegen also keine Spezialfälle vor. Ein Einzelbeispiel kann natürlich herangezogen werden, nämlich ein rechtwinkliges Dreieck mit der Hypotenuse der Länge 1, da dies aber dann das Bogenmaß und Betrachtung des Einheitskreises (damit kann man auch die Periodizität zeigen) nach sich zieht, ist dies an dieser Stelle auszuschließen. Die Möglichkeit (3). lehne ich in diesem Zusammenhang ab, da der funktionale Zusammenhang später erläutert wird und nicht Gegenstand der derzeitigen Unterrichtsstunde ist. Die Umkehrung des Satzes liegt

in diesem Sinne nicht vor. Sowohl die präformale Herleitung als auch die Vorgabe, und formale Herleitung des Zusammenhangs sind möglich zu realisieren. Für die Möglichkeit (4) existiert der Ansatz, eine Analogie zum Satz des Pythagoras aufzuziehen. Da dies von den Schülerinnen und Schülern bereits verstanden worden ist, ist das auch eine sehr günstige Methode. Die Schülerinnen und Schüler sollen versuchen den Satz in einem Unterrichtsgespräch zu beweisen, daher ist eine Vorgabe aus zeitlichen Gründen angebracht.

Die Motivierung für Zusammenhänge kann über angeführte Möglichkeiten erfolgen:
- (1) Suche nach Zusammenhängen
- (2) Umkehrung eines Fragestellung
- (3) Verallgemeinerung
- (4) Erleichterung

Die Motivierungsmöglichkeiten (1) und (2) liegen in diesem Falle nicht vor. Die Suche nach Zusammenhängen ist nach der Behandlung des Sinus durchaus angebracht. Während die Erleichterung auch möglich ist. Diese führt aber dazu, dass Folgerungen betrachtet werden, die erst bei komplizierteren Termen, goniometrischen Gleichungen oder gar Funktionen von Bedeutung sind. Daher wäre dies an dieser Stelle keine wirkliche Erleichterung. Eine kleine Erleichterung ist die Berechnung des Kosinuswertes mit gegebenem Sinuswert. Diese Erleichterung ist aber hinfällig.

Die Festigung von Zusammenhängen geschieht über:
- (1) Identifizierung und Realisierung
- (2) Anwendung in Berechnungen, Beweisen und Konstruktionen
- (3) Systematisierung
- (4) Finden weiterer Zusammenhänge durch Spezialisierung, Verallgemeinerung, Umkehrung oder einfache Schlussfolgerungen

Die Variante (4) lehne ich ab. Da aus diesem Satz ohne weitere Zusammenhänge, die erarbeitet werden müssen, keine unmittelbare Folgerung vorliegt. Eine Systematisierung erfolgt zu einem späteren Zeitpunkt, daher ist das auszuschließen. Ebenso verhält es sich, wie bereits angesprochen, mit der zweiten Möglichkeit. Bleibt nur noch die erste Möglichkeit zu betrachten. Die Identifizierung und Realisierung ist erstmal, da der Satz des Pythagoras bereits im sicheren Wissen und Können vorliegt, möglich und sollte daher angewendet werden.

3.2.3 Methodische Überlegungen zur Unterrichtsgestaltung

Diese Unterrichtsstunde dient zur Erarbeitung und Erstfestigung des Begriffes Kosinus und einige der Eigenschaften des Kosinus. Es soll eine Planung des roten Fadens erfolgen. Vorerst wird allerdings noch erläutert, was die Lehrperson vorzubereiten hat. Vor der Stunde hat der Lehrer das **Tafelbild3** und **Tafelbild4** vorzubereiten, damit der straffe Zeitplan der Stunde nicht durcheinander kommt.

Zu Beginn der Unterrichtsstunde soll in diesem Falle keine tägliche Übung anstehen sondern vielmehr eine Reaktivierung des bereits erlernten Wissens zum Sinus, da vielmehr auf die Analogien des Kosinus zum Sinus aufmerksam gemacht werden soll. In diesem Zusammenhang ist es von enormer Bedeutung auf die Motivierungsmöglichkeiten und auf die Zielorientierung einzugehen. Die Motivation erfolgt auf der innermathematischen Ebene. Da es in unmittelbarer Folge dieses Begriffes keine Erleichterung des Rechnens ergibt, sollte diese Variante nicht aufgegriffen werden. Auszuschließen ist auch die Zweckmäßigkeit oder Notwendigkeit. Das liegt vor allem darin begründet, dass der Zweck für die

Trigonometrischen Rechnungen das Verständnis des Kosinus- und Sinussatzes und deren Anwendungen ist. Das Problem daran ist allerdings, dass den Lernenden diese Folge noch nicht bewusst ist und dies daher keine wirkliche Motivation für sie darstellt. Die Möglichkeit über die Vollständigkeit und Systematik lässt sich in diesem Sinne erfolgreicher motivieren, da hier den Schülerinnen klar gemacht wird, dass bevor die trigonometrischen Berechnungen erweitert werden können auch die Betrachtung des Kosinus eine Rolle spielt. Und über die Analogiebetrachtungen zum Sinus erscheint ihnen diese Thematik als einfach. Sie werden dennoch bis zu einem gewissen Grade gefordert indem die Eigenschaften und Zusammenhänge zwischen Kosinus und Sinus erörtert werden. Wie stellt sich die Zielorientierung dar? Die Lehrperson gibt in der Motivation bekannt, was in der Unterrichtsstunde zu leisten ist, dabei werden kurze Teilziele formuliert. Zu Beginn steht die Erarbeitung der Definition des Kosinus an und danach steht eine Festigung des Kosinus an. Den Abschluss bildet letztlich die Herausstellung des Zusammenhangs zum Sinus. An die Motivierung und Reaktivierung schließt sich dann ein Unterrichtsgespräch an, indem die Schülerinnen und Schüler den Begriff des Kosinus erarbeiten und die Definition notieren. Das durch die Lehrperson gelenkte Unterrichtsgespräch gibt den Schüler die Möglichkeit sich an der Erarbeitung zu beteiligen und Lob für richtige Antworten zu bekommen. Die passenden Antworten der Schüler werden ins Tafelbild übernommen und das Tafelbild **Tafelbild 1** wird weiterentwickelt, sodass die Schüler ebenfalls Bestätigung ihrer Leistung erfahren. Der Begriff des Sinus wurde bereits reaktiviert, sodass den Lernenden erleichtert wird, wo im semantischen Netz der Begriff des Kosinus einzuordnen ist. Das **Tafelbild 3** stellt eine gemeinsame Übungsaufgabe dar. Die Schülerinnen und Schüler sollen eine Aufgabe in der Einzelarbeit im Arbeitsheft selbstständig lösen. Im Anschluss wird das **Tafelbild3** erweitert. Daran wird dann schnell deutlich, dass eine Beziehung zwischen dem Kosinus und Sinus vorhanden ist. Dies sollte mit einer kurzen Veranschaulichung des Komplementärwinkels auch erläutert werden, damit der Zusammenhang zwischen Sinus und Kosinus deutlicher wird. Hierfür wäre eine **Folie** angebracht. Ein rechtwinkliges Dreieck wird zerschnitten und die Lernenden erkennen schnell, dass die Komplementärwinkel in der Summe 90° aufweisen. Dann erfolgt die Diskussion des trigonometrischen Pythagoras. Das **Tafelbild 4** wurde bereits vorbereitet und wird nun um die Quadrate der jeweiligen Seiten erweitert. Dann erfolgt durch die Schülerinnen und Schüler ein Versuch im Unterrichtsgespräch einen Beweis zu erarbeiten. Wenn kein Ansatz gefunden wird, sollte der Lehrer den Satz des Pythagoras für das Dreieck nochmal aufschreiben. Dann sollte er an das **Tafelbild 1** erinnern, indem er die Definition des Kosinus erarbeitet und des Sinus wiederholt hat. Dann erfolgt der Beweis.
Eine kurze Rückschau des Gelernten erfolgt. Dann schließt sich das Stellen der Hausaufgabe an.
In diesem Zusammenhang sollte auch eine Entscheidung bzw. Orientierung der Schüleraktivität erfolgen. Die Einbeziehung der Schülerinnen und Schüler ist von enormer Bedeutung, da dies keine Übungsstunde darstellt und somit nicht jeder Lernende gezwungen ist am Unterrichtsgeschehen teilzuhaben. Daher liegt mein besonderes Augenmerk bei der Reaktivierung und Wiederholung des bereits gelernten Begriff Sinus eher auf den leistungsschwachen Schülerinnen und Schülern. Kommen die nicht voran werden durchschnittliche Lernende hinzugezogen. Die leistungsstarken Schülerinnen und Schüler werden explizit im Beweis angesprochen und sollen versuchen diesen alleine zu finden.
Nun gilt es auf die gewählten Handlungsmuster und Sozialformen einzugehen. In dieser Unterrichtsstunde geht es vorrangig darum den Kosinus mit einigen Eigenschaften zu

erarbeiten. Demnach stellt dies keine Übungsstunde dar. Daher ist Lehrerzentrierter Unterricht in diesem Falle günstiger. Die Reaktivierung und die Erarbeitungsphase erfolgt durch ein vom Lehrer inszeniertes Unterrichtsgespräch. In Folge dessen kann ich als Lehrperson während dieses Frontalunterrichts auf jeden Kommentar individuell eingehen. Die kurze eingeschobene Übungsphase in der die Schülerinnen und Schüler die Berechnung des Kosinus nachvollziehen ist als Einzelarbeit gedacht, nachdem ich ein Beispiel vorgemacht habe. Daran schließt sich das Zusammentragen der Ergebnisse dieser Aufgabe an der Tafel an. Das kann von einem Schüler erfolgen oder mir selbst in einem Unterrichtsgespräch. Die Einzelarbeitsphase wechselt wieder zu einer Frontalunterrichtsphase. Per Unterrichtsgespräch wird kurz wiederholt was ein Komplementärwinkel ist und anschließend der trigonometrische Satz des Pythagoras erarbeitet. Nachdem der Beweis von den Schülerinnen und Schülern erarbeitet wurde, erfolgt eine Rückschau des gelernten Stoffes durch mich. Dann werden die Hausaufgaben aufgegeben. Die Hausaufgaben, die die Beendigung der Aufgabe aus dem Unterricht und einer weiteren Aufgabe aus dem Arbeitsheft umfasst, dient zur Ausbildung des reaktivierbaren Wissens und Könnens. Die Begriffe werden dadurch gefestigt, dass man sie identifiziert, realisiert und anwendet und systematisiert. Durch das Lösen von Aufgaben, in denen der Sinus und Kosinus eines Winkels angewendet werden, werden auch die Begriffe gefestigt, sowohl durch Identifizieren, Realisieren und Anwenden.
Für die besonders guten Schüler gibt es eine Zusatzaufgabe, um diese Schüler besonders zu fördern, die sie in der nächsten Stunde abgeben und vielleicht an der Tafel vorstellen können.
Bei der Verabschiedung sollte der Lehrer die Schüler für ihre guten Zeitabschnitte des Unterrichts loben, damit die Schüler ein positives Verständnis des Mathematikunterrichts entwickeln, aber auch die störenden Situationen tadeln.

3.3 Stundenplanung – Grobplanung

Uhrzeit	Didaktische Gliederung	Sozialform und Handlungsmuster
7:45 Uhr	MO, ZO Ziel: Aufwerfen des Problems	FU, LV
7:47 Uhr	Reaktivierung des Sinus und kurze Erarbeitung des Kosinus Ziel: Definition Kosinus, erste Analogie und Unterschied zum Sinus	FU, UG
8:00 Uhr	Festigung 1: Aufgabe zur Betrachtung der Analogie und Unterschied zum Sinus Ziel: Erstfestigung des Kosinus	EA
8:12 Uhr	Festigung 2: Folgerung aus Aufgabe und gleichzeitige Wiederholung des Komplementärwinkel Ziel: Erhalten eines Zusammenhangs zum Sinus	FU, UG
8:15 Uhr	Festigung 3: Erarbeitung des trigonometrischen Satz des Pythagoras - Problemstellung Ziel: Aufwerfen eines weiteren Problems zum Zusammenhang – Gültigkeit des Satzes von Pythagoras	FU, LV

8:17 Uhr	Festigung 3: Erarbeitung des trigonometrischen Satz des Pythagoras - Beweisführung	FU, UG --- SSA
	Ziel: Erhalten eines weiteren Zusammenhangs zum Sinus	
8:23 Uhr	Zusammenfassung	FU, LV
8:24 Uhr	Stellen der HA	FU, LV

3.4 Stundenplanung - Feinplanung

Uhrzeit	Lehrertätigkeit	Erwartete Schülertätigkeit
7:45 Uhr	**Begrüßung**	Die Schüler verfolgen den LV und nehmen das Thema für die nächsten Stunden wahr.
	Motivierung: *Bevor wir zu interessanten Berechnungen der Winkel und Seiten in allgemeinen Dreiecken voranschreiten, müssen wir für die Vollständigkeit noch einige Winkelbeziehungen erarbeiten.*	
	Ziel: Schüler sollen auf das Problem der Stunde aufmerksam gemacht werden.	
7:47 Uhr	**Erarbeitung:** **Tafelbild1** ist soweit vorbereitet worden, wird nach und nach erweitert. *Was fällt euch, wenn ihr dieses Dreieck seht, zum Begriff Sinus ein?*	Schüler werden vieles, was sie zum Sinus gelernt haben wiedergeben.
	Alle Kommentare bejahen oder korrigieren letztlich: Definition wird an die Tafel gebracht. *Welche Seitenlängenverhältnisse können wir noch bilden? Achtet darauf die Bezeichnungen zu verwenden und nicht die Seitennamen a, b, und c.*	Schüler nennen alle möglichen Seitenverhältnisse.
	Lehrer schreibt genannte Seitenverhältnisse auf. Wenn nötig: Tangens mündlich definieren: *Sehr schön. Dieses Verhältnis ist der sogenannte Tangens eines Winkels, darauf kommen wir in den folgenden Stunden noch zurück.* Nach der Definition des Kosinus, schreibt Lehrer auf der anderen Tafelhälfte im **Tafelbild 2** die Überschrift „Der Kosinus eines	Die Schüler schlagen die Hefte auf und übernehmen die Überschrift. Die Definition des Kosinus wird ebenfalls aufgeschrieben. Höchstwahrscheinlich werden viele Schülerinnen und Schüler auch das Dreieck übernehmen, mit den jeweiligen Färbungen.

	Winkels" an. Und darunter die Definition in schriftlicher Form: *Der Kosinus bezeichnet das Streckenverhältnis Ankathete zu Hypotenuse:* $\cos \alpha = \dfrac{\text{Ankathete}}{\text{Hypotenuse}}$ Lehrer muss darauf achten dass Definition des Sinus, die wiederholt wurde und Definition des Kosinus auf gleicher Höhe stehen. Die Wörter werden in der jeweiligen Farbe der Seite geschrieben. Ziel: Analogie und unterschied zum Sinus herausstellen. Ziel: Definition des Kosinus	
8:00 Uhr	**Festigung 1: Aufgabe zur Betrachtung der Analogie und Unterschied zum Sinus.** *Schlagt bitte eure Arbeitshefte auf Seite 21.* *Wir werden jetzt zum Teil die Aufgabe 10 lösen. Dafür mache ich es für den Winkel 30° vor. Für den Winkel 60° macht ihr das dann selbstständig. Lest dafür aber erstmal die Aufgabe.* Ziel: Erstfestigung des Kosinus	Schüler schlagen ihre Arbeitshefte auf. Schüler betrachten Aufgabe 10 und legen, wenn noch nicht parat, die Arbeitsutensilien bereit. Schüler lesen sich die Aufgabe durch.
8:02 Uhr	Lehrer schlägt Tafel um, **Tafelbild 3** dort sehen die Schüler die Aufgabe 10 an der Tafel. *Wie kann man an diese Aufgabe herangehen?* Hier sind besonders die durchschnittlichen Schüler gefragt. Mögliche Antworten auf Schüler: *Wir wollen nur Zirkel und Lineal verwenden.* *Das ist ein sehr schöner Ansatz. Den werden wir gleich mal anwenden.*	Aufkommende Antworten: - Abmessen des Winkels per Geodreieck - Abtragen des Bogens, 15 – 30 – 45 – 60 - 75
8.04 Uhr	**Tafelbild 3** wird erweitert. Lehrer trägt Bogenlänge ab, zeichnet dann das Dreieck ein und kommentiert natürlich sein Vorgehen. Dann erfolgt das Messen, eintragen in die Tabelle. *Jetzt versucht ihr euch an dem Winkel*	Einige Schülerinnen und Schüler machen gleichzeitig mit dem Lehrer die Aufgabe.

	60°. Den Wert mit dem Taschenrechner berechnen wir danach. Lehrer schreibt die Winkelbeziehungen in **Tafelbild1** mit Sinus und Kosinus auf (soll als visuelle Unterstützung in Tafelbild 4 dienen). Lehrer schaut sich während der Einzelarbeit die Aktivitäten der Schülerinnen und Schüler an.	
8:09 Uhr	**Tafelbild 3** wird erweitert. Lehrer sieht einen durchschnittlichen Schüler besser wäre leistungsschwachen Schüler mit richtigen Ergebnis. Lehrer bittet ihn darum, das Ergebnis in die Tabelle an der Tafel einzutragen. Die störenden Kommentare sind vom Lehrer zu unterbinden. Denn er hat die richtige Antwort ja schließlich gesehen und ihn daher ausgesucht.	Der Schüler schreibt Wert hinein. Die anderen Schüler beobachten ihn und geben ggf. störende Kommentare.
8:10 Uhr	**Tafelbild 3** wird erweitert. *Ihr seid alle schon fertig. Schön. Der Taschenrechner bietet auch hier wie beim Sinus eine schöne Funktionstaste an.* Lehrer zeigt die Taste. *Habt ihr sie alle gefunden? Dann berechnet mir mal bitte die Werte.* Lehrer geht nennt einige Schüler beim Namen die die Werte nennen sollen. Lehrer trägt Werte ein.	Schüler nehmen den Taschenrechner in die Hand und suchen nach Kosinus- Taste. Schüler beginnen die Werte der Tabelle auszufüllen.
8:12 Uhr	**Festigung 2: Folgerung aus Aufgabe und gleichzeitige Wiederholung des Komplementärwinkel** *Fällt euch etwas auf?* Hier werden leistungsstarke Schüler angesprochen, wenn sich niemand meldet. Falsche Antworten werden mit Begründung beneint. *Richtig! Schauen wir uns an diesem Dreieck den Sinus und Kosinus des Winkels α und β an.*	Einige Schüler werden eventuell auf Anhieb die Komplementärwinkelbeziehung erkennen. Mit Begründung sogar:

	Anschreiben und kommentieren (Erweiterung des **Tafelbildes 3**): sin (α) = a / c und cos (α) = b / c sin (β) = b / c und cos (β) = a / c. *Das liegt daran, dass α und β Komplementärwinkel sind.*	Innenwinkelsumme 180°, 90° besitzt der rechte Winkel, demnach die Summe der anderen beiden Winkel 90°.
	Zur Wiederholung: Komplementärwinkel sind Winkel, die sich zu einem Winkel von 90°.	
	Nebenbei wird das anhand einer **Folie** bzw. **Folienteile** aufgezeigt. Ziel: Herausbildung eines Zusammenhangs zwischen Sinus und Coplementii Sinus	
8:14 Uhr	*Ihr könnt also in Euer Heft schreiben:* cos (α) = sin (90° - α) = sin (β) (Erweiterung des **Tafelbildes 3**)	Schülerinnen und Schüler schließen spätestens jetzt das Arbeitsheft und schreiben den Sachverhalt von der Tafel ab.
8:15Uhr	**Festigung 3: Erarbeitung des trigonometrischen Satz des Pythagoras - Problemstellung** Lehrer klappt die linke Tafel um, sodass **Tafelbild 1** erscheint. Und er klappt die rechte Tafel um, sodass **Tafelbild 4** erscheint. *Wichtig ist auch eine Eigenschaft, die wir versuchen wollen zu beweisen. Ist der Satz des Pythagoras auch bei trigonometrischen Berechnungen gültig? Das heißt: Ist das Quadrat des Sinus des Winkels α und das Quadrat des Kosinus desselben Winkels gleich dem Seitenverhältnis 1. Die 1 kommt daher, dass auch mit der Hypotenuse ein Seitenverhältnis zu Hypotenuse gebildet werden muss.* Ziel: Weiterer Zusammenhang zwischen Sinus und Kosinus. Lernende sollen auch wissen, dass man vom Sinus- und/oder Kosinuswert auf das Seitenverhältnis bzw. auf Seitenlängen schließen kann.	Einige Übertragen die Zeichnung ins Heft und schreiben die Behauptung auf. Einige versuchen sich gleich an den Beweis.
8:17 Uhr	*Denkt mal einen Augenblick darüber*	Nun versuchen sich alle Schüler an

	nach. Lehrer schaut sich einige Lösungsansätze in den Heften der Schüler an.	dem Beweis.
8:19 Uhr	Hat jemand von euch eine schöne Idee oder bereits die Lösung? Im Unterrichtsgespräch werden falsche Antworten als freiwillige Zusatzhausaufgabe aufgegeben. Diese erkennen dann von selbst, dass der Weg keine Lösung sein kann. Lehrer verweist auf **Tafelbild 1**.	Einige Schüler melden sich. Nun erkennen viele Schülerinnen und Schüler den Ansatz.
8:21 Uhr	Lehrer schreibt nach Schülerdiktat die Äquivalenzen auf. Bei auftretenden Fehlern, greift Lehrer entsprechend ein. *Gut Gemacht. Damit arbeiten wir dann nächstes Mal weiter.* Insbesondere folgt nun Definition des Kosinus bei 0° und 90° bei gegebener Definition des Sinus von diesen Werten. Zudem folgen weitere Übungsaufgaben und Erarbeitung des Tangens, bevor dann letztlich zum Sinus und Kosinussatz vorangeschritten wird. Es steht nun an der Tafel im **Tafelbild 4**, unter der Behauptung: $\sin^2(\alpha) + \cos^2(\alpha)$ $= (a/c)^2 + (b/c)^2$ $= a^2/c^2 + b^2/c^2$ $= (a^2 + b^2)/c^2$ $= c^2/c^2$ $= 1$	Schüler schreiben mit, bzw. einer oder zwei diktieren dem Lehrer die Lösung. An dieser Stelle sollte von den Schülern ein Verweis zum Satz des Pythagoras erfolgen.
8:23 Uhr	*Heute habt ihr gelernt, dass der Kosinus ein Seitenverhältnis in einem rechtwinkligen Dreieck beschreibt und eine Verbindung zum Sinus hat. Ihr habt heute gut mitgearbeitet!*	
8:24 Uhr	**Hausaufgabe:** *Als Hausaufgabe habt ihr auf, die Aufgabe 10 im Arbeitsheft zu beenden und Aufgabe 13 Im Arbeitsheft auf Seite 22, aber nur die Messungen, zu machen.* Während dessen schreibt der Lehrer	Schüler schreiben sich die Hausaufgabe auf.

die Hausaufgabe an die Tafel über dem **Tafelbild 1**: AH: S. 21 Nr. 10 beenden S. 22 Nr. 13 (nur Messwerte) **Verabschiedung**	

3.5 *Aufgaben und Unterrichtsmittel*

- Sill, Hans-Dieter: Arbeitsheft Mathematik 10. Mecklenburg-Vorpommern. Gymnasium. Paetec. Gesellschaft für Bildung und Technik. Berlin 2002
  Seite 21, Aufgabe 10

Trigonometrische Berechnungen

10. Trage in den Viertelkreis mit dem Radius 10 cm die Winkel (15°; 30°; 45°; 60° und 75°) und die Strecke $\overline{MA}$ im Punkt M an! Fälle die Lote von den Schnittpunkten der freien Schenkel mit dem Kreisbogen und bestimme durch Messen näherungsweise die Sinus- und Kosinuswerte der Winkel! Berechne dann die Werte mit dem Taschenrechner (TR) auf drei Dezimalstellen!

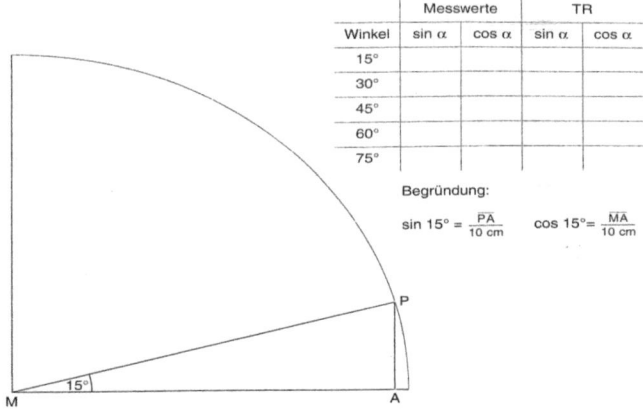

Winkel	Messwerte		TR	
	$\sin \alpha$	$\cos \alpha$	$\sin \alpha$	$\cos \alpha$
15°				
30°				
45°				
60°				
75°				

Begründung:

$\sin 15° = \dfrac{\overline{PA}}{10\ cm}$ $\cos 15° = \dfrac{\overline{MA}}{10\ cm}$

Lösung:

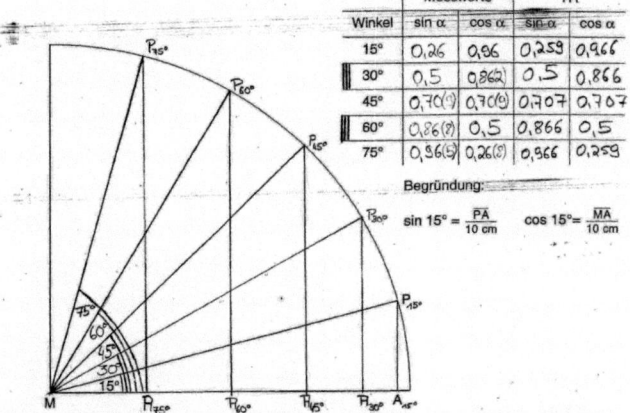

- Sill, Hans-Dieter: Arbeitsheft Mathematik 10. Mecklenburg-Vorpommern. Gymnasium. Paetec. Gesellschaft für Bildung und Technik. Berlin 2002
Seite 22, Aufgabe 13

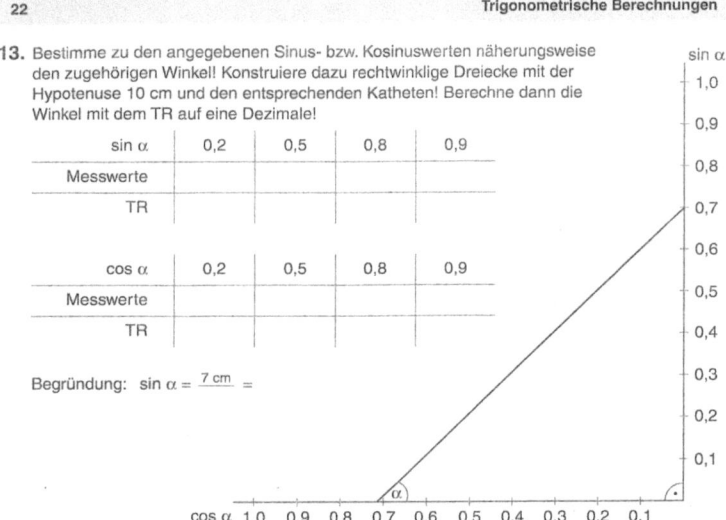

Lösung:

Trigonometrische Berechnungen

13. Bestimme zu den angegebenen Sinus- bzw. Kosinuswerten näherungsweise den zugehörigen Winkel! Konstruiere dazu rechtwinklige Dreiecke mit der Hypotenuse 10 cm und den entsprechenden Katheten! Berechne dann die Winkel mit dem TR auf eine Dezimale!

$\sin \alpha$	0,2	0,5	0,8	0,9
Messwerte	12°	30°	53°	64°
TR	11,5°	30°	53,1°	64,2°

$\cos \alpha$	0,2	0,5	0,8	0,9
Messwerte	79°	60°	31°	26°
TR	78,5°	60°	36,9°	25,8°

Begründung: $\sin \alpha = \dfrac{7\,\text{cm}}{10\,\text{cm}} = 0{,}7$

Muster:

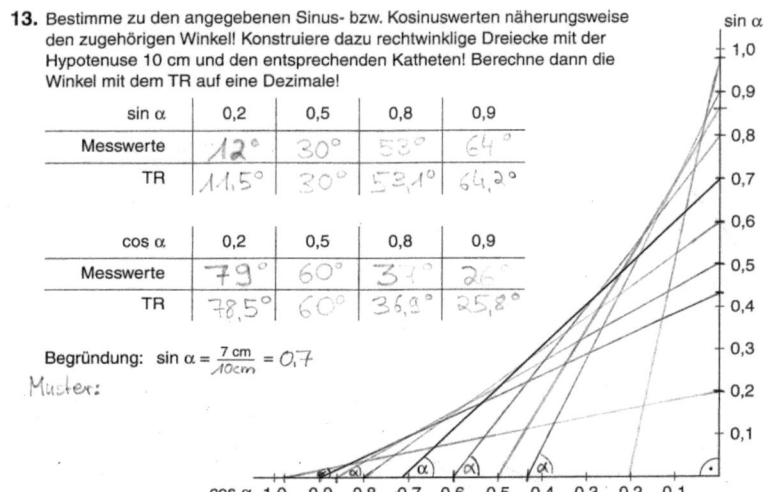

Folie:

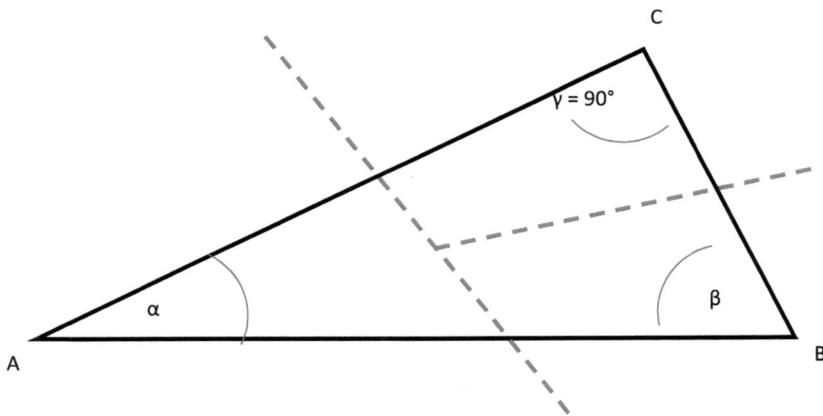

Dieses Dreieck in drei Teile zerschneiden, sodass man diese in 180° legen kann und deutlich wird, dass die beiden spitzen Winkel 90° in der Summe sind.

3.6 Tafelbild

Zur Orientierung:

4. Literaturverzeichnis:

- Benke- Bursian, Rosemarie u.a.: mentor Durchblick. Mathematik 5. – 10. Klasse. Geometrie. Mentor. München 2002
- Bittner, Rudolf u.a.: Mathematik in Übersichten. Volk und Wissen. Berlin 1989
- Rahmenplan Mathematik Grundschule Mecklenburg Vorpommern. 2004. S. 26 – 31
- Rahmenplan Mathematik für die Jahrgangsstufen 5 und 6 an der Regionalen Schule sowie an der Integrierten Gesamtschule. Erprobungsfassung 2010. S. 9-16
- Rahmenplan Mathematik für die Jahrgangsstufen 7 bis 10 für Gymnasium und integrierte Gesamtschule (Mecklenburg-Vorpommern): Erprobungsfassung 2002. S. 22 – 33
- Sill, Hans-Dieter u.a.: Mathematik. Klasse 10. Gymnasium. Mecklenburg-Vorpommern. Lehrbuch. Paetec. Berlin 2004
- Sill, Hans-Dieter: Mathematik. Klasse 10. Gymnasium. Mecklenburg-Vorpommern. Arbeitsheft. Paetec. Berlin 2004
- Sill, Hans-Dieter u.a.: Ziele und Aufgaben zum Mathematikunterricht in der gymnasialen Oberstufe. Institut für Qualitätssicherung Mecklenburg-Vorpommern. 2009: http://t3p-mumv.rz.uni-greifswald.de/fileadmin/Mathe-MV/Planungsvorschlaege/Gymnasiale_Oberstufe/Ziele_Aufgaben_Klasse_10.doc

5. Anmerkungen vom Dozenten

Zur Planung der Unterrichtseinheit

Sie haben die Planung der Unterrichtseinheit 3.1 in sehr ausführlicher, zutreffender und damit sehr guter Weise vorgenommen. Lediglich bei der Definition des Sinus und Kosinus eines Winkels sollten Sie bereits beachten, dass die Begriffe Ankathete und Gegenkathete Relationsbegriffe sind.

Zur Planung der Unterrichtsstunde

Bei der Planung Ihrer Stunde haben mir folgende Dinge gut gefallen:

- In Ihren insgesamt guten fachlichen Vorbetrachtungen haben Sie in richtiger Weise dynamische Betrachtungen zur Veränderung des Dreiecks bei einem festen Winkel angestellt.
- Sie haben in sehr guter Weise ausführliche und zutreffende Betrachtungen zur Erarbeitung des Begriffs Kosinus eines Winkels vorgenommen. Ihre Idee, von der Betrachtung möglicher Seitenverhältnisse auszugehen, ist gut geeignet.
- Auch Ihre Ausführungen zur Motivation sind zutreffend und führen zu richtigen Schlussfolgerungen.
- Die Feinplanung Ihrer Stunde ist sehr gründlich und ausführlich erfolgt. Die Fragestellungen und Lehrervorträge sind alle gut formuliert und für Schüler 10. Klassen geeignet.
- Ihr Tafelbild ist sehr gut konzipiert und in sehr guter Weise dargestellt.

In Ihrer Stundenplanung treten allerdings einige didaktische und methodische Mängel auf, auf die ich Sie im Folgenden hinweisen möchte.

- Bei der Formulierung der Ziele Ihrer Stunde gibt es folgende Mängel.
    - Sie geben nicht an, wie die Schüler den Kosinus eines Winkels berechnen sollen, wozu es ja zwei Möglichkeiten gibt.
    - Die Formulierung, dass die Schüler selbstständig Sachverhalte herleiten sollen ist zu allgemein und sollte konkretisiert werden.
    - Es fehlen Aussagen zum trigonometrischen Pythagoras und zur Bestimmung von Winkeln aus gegebenen Funktionswerten, was sie z. B. in der Hausaufgabe verlangen.
- Bereits in den fachlichen Vorbetrachtungen und auch in der gesamten Stunde haben Sie erneut nicht den Relationscharakter der Begriffe Ankathete und Gegenkathete beachtet. Eine Kathete eines rechtwinkligen Dreiecks kann nicht einfach als Ankathete bezeichnet werden, ohne den Winkel anzugeben, auf den sich dies bezieht.
- In Ihren fachlichen Vorbetrachtungen fehlen Bezüge zu den Funktionsbegriffen.

- Auch der Begriff Kosinus ist ein Relationsbegriff, da er eine Zuordnung zwischen einem Winkel und einer reellen Zahl vermittelt.

- Bei der Zusammenstellung der Seitenverhältnisse in einem rechtwinkligen Dreieck haben Sie nicht beachtet, dass es insgesamt sechs unterschiedliche Verhältnisse gibt. Dazu hätten in den fachlichen und didaktischen Vorbetrachtungen ebenfalls Bemerkungen erfolgen müssen.

- Mit der zur Festigung ausgewählten Aufgabe 10 des Arbeitsheftes erfolgt bereits eine Vorbereitung der Definition der Winkelfunktionen am Einheitskreis. Dies hätte in den Vorbetrachtungen diskutiert werden sollen, ohne es in der Stunde explizit zu thematisieren.

- Es ist nicht sinnvoll, in der Hausaufgabe eine Anforderung zu stellen, die in der Stunde noch nicht betrachtet wurde. Das Berechnen von Argumenten zu gegebenen Funktionswerten ist eine neue Anforderung für die Schüler, die in der Stunde erst thematisiert und mit einer Orientierungsgrundlage als Handlung ausgebildet werden sollte.

Neben diesen generellen Bemerkungen möchte ich Sie noch auf folgende kleinere Probleme hinweisen.

- Es ist durchaus eine Identifizierung des Begriffes Kosinus eines Winkels möglich, indem man einfach bestimmte Verhältnisse in einem rechtwinkligen Dreieck vorgibt.

- Es ist sicherlich günstig, bei der Erarbeitung bereits den Tangens zu definieren.

- Zur Messung der Streckenlängen muss nicht die Bogenlänge sondern die Strecke betrachtet werden (Seite 19).

- Zum Nachweis der Eigenschaft, dass $\alpha + \beta = 90°$ ist, muss in Klasse 10 nicht mehr eine Folie zerschnitten werden.

Trotz der genannten größeren und kleineren Mängel erkenne ich Ihre Arbeit insgesamt als Leistungsnachweis ohne weitere Auflagen an.